AF313552

CONSIDÉRATIONS SUR L'ANATOMIE

DES

TENDONS FLÉCHISSEURS

DU PIED DU CHEVAL

ET DU

LIGAMENT SUSPENSEUR

PAR

J. PADER,

Vétérinaire en 1er.

LYON

IMPRIMERIE L. BOURGEON

Rue des Marronniers, 7

CONSIDÉRATIONS SUR L'ANATOMIE

des

TENDONS FLÉCHISSEURS DU PIED DU CHEVAL

ET

DU LIGAMENT SUSPENSEUR

L'importance capitale de l'intégrité des *tendons* chez le cheval remet sans cesse à l'ordre du jour la question de la *nerf-ferrure*. On discute surtout des causes et des effets de cet accident; beaucoup moins des lésions, certainement d'ordre différent, qui sont confondues sous ce vocable.

Cependant, l'étude approfondie des altérations organiques qui sont la conséquence plus ou moins directe de l'*effort de tendon* peut seule, pensons-nous, faire la lumière sur les divers modes de leur production, leur plus ou moins de gravité et les conséquences variées qui en résultent.

Mais avant de faire cette étude d'anatomie pathologique, il est nécessaire de connaître exactement la forme et la structure normales des tendons fléchisseurs et du ligament suspenseur du boulet.

L'anatomie microscopique de ces organes, notamment, est trop sommairement traitée dans nos classiques pour servir de base à leur anatomie pathologique. C'est ce qui me décide à communiquer à la Société des Sciences vétérinaires l'étude suivante, faite d'abord pour mes besoins personnels.

MEMBRANES PÉRITENDINEUSES.

Enveloppes communes aux tendons fléchisseurs. — Les aponévroses antibrachiale et jambière ne s'arrêtent pas, comme on pourrait le croire, au carpe et au tarse, régions sur lesquelles elles prennent des insertions; elles s'étendent aussi sur toute la partie inférieure du membre. Ces membranes, composées de plusieurs plans plus ou moins intimement réunis entre eux, ne jouissent, par rapport à l'ensemble du système conjonctif, que d'une indépendance relative. Cette unité, entrevue par Bichat et démontrée par les anatomistes modernes, se manifeste d'une façon évidente dans l'anatomie normale et pathologique des tendons et ligaments des membres du cheval. En réalité, ce n'est qu'avec des moyens artificiels qu'on parvient à isoler un tendon ou un ligament ; les limites mêmes de ces organes sont souvent imprécises et difficiles à déterminer.

Ce fait donne aux lésions tendineuses un caractère bien particulier.

Si on dissèque avec soin la région des tendons fléchisseurs on constate qu'ils sont entourés par deux membranes communes, et, en poussant la dissection plus loin, on trouve encore une série de couches conjonctives, incomplètement libérées, tassées autour de chaque tendon et lui formant une membrane propre.

Cette dernière couche péritendineuse n'a rien de spécial aux fléchisseurs du pied : c'est l'enveloppe conjonctive propre à tous les tendons. Nous en parlerons d'une façon particulière dans le paragraphe suivant.

La première des membranes communes, située sous le derme auquel elle se rattache par le tissu conjonctif sous-cutané, est la continuation immédiate de l'aponévrose contentive des muscles du membre (fig. 1, [1]).

Après s'être rattachée de chaque côté sur les métacarpiens ou métatarsiens rudimentaires, cette membrane continue son enveloppement autour du perforé, du perforant et de la bride carpienne, isolant ainsi ces tendons du ligament suspenseur.

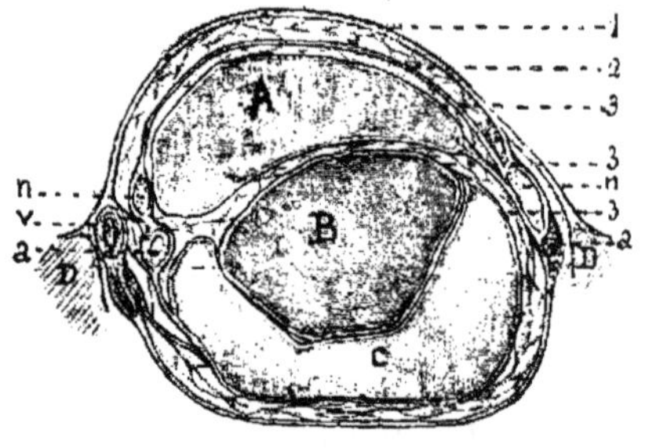

La deuxième membrane (fig. 1, [2]) forme également une gaîne continue autour des tendons fléchisseurs et de la bride carpienne. Elle comprend entre ses feuillets, les nerfs plantaires et les collatérales du canon. Quelquefois, après avoir entouré les nerfs et les vaisseaux, elle se joint à la gaîne externe avec laquelle elle se confond en avant des tendons ou de la bride carpienne, comme on peut le voir dans le cas représenté par la figure ci-dessus.

D'autres fois, elle reste indépendante sur toute la périphérie des tendons.

Fig. 1. — Membranes péritendineuses.

(La coupe, légèrement schématisée, passe immédiatement au dessous de la gaîne carpienne.

A. Perforé. — B. Perforant. — C. Bride carpienne. — DD. Métacarpiens latéraux. — 1. Première membrane péritendineuse. — 2. Deuxième membrane péritendineuse. — 33. Péritendineuse propre à chaque tendon. — aa. — Artères collatérales. — nn. Nerfs plantaires. — v. Veine collatérale interne.

Ces deux membranes sont réunies entre elles et aux tendons qu'elles entourent par un tissu fibreux lâche qu'on est obligé de sectionner pour les isoler. Une injection intermembraneuse ou, plus simplement, une insufflation convenable facilitent leur dissection et démontrent leur continuité.

Arrivées près du boulet, ces membranes se soudent entre elles et viennent renforcer, sinon former de leurs fibres, la gaine de contention des fléchisseurs contre la poulie sésamoïdienne.

Les membranes péritendineuses sont formées de nombreux plans successifs constituant de minces lames incomplètement libérées les unes des autres.

L'examen microscopique montre ces lames formées de faisceaux fibreux réunis par une substance anhyste. Traitée par le nitrate d'argent, cette substance unissante présente des marbrures brunes, irrégulières, qui se réunissent entre elles, plus ou moins largement, par des prolongements granuleux (plaques et grains élastiques de Ranvier).

En dehors de cette texture fibro-membraneuse qui forme la base de ces lamelles, on trouve d'autres éléments dont le groupement est des plus irréguliers. Ainsi, entre les faisceaux fibreux qui s'entrecroisent dans tous les sens, se trouvent des cellules conjonctives aux contours mal déterminés, mais dont les noyaux se colorent par l'hématoxyline, et des amas, plus ou moins importants, de cellules graisseuses très irrégulièrement disséminés. Enfin par dessus le tout, et seulement en certaines régions très restreintes, un endothélium à cellules plates, sinueuses par leurs bords, avec noyaux périphériques, que décèle le nitrate d'argent (fig. 2).

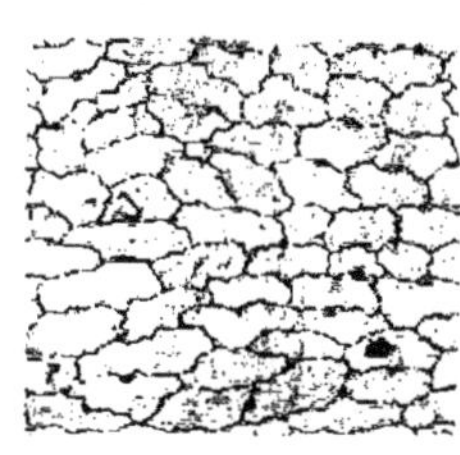

Fig. 2. — Endothélium limité à certaines régions des membranes péritendineuses (Nitr. d'argent).

Enveloppe propre à chaque tendon. — Nous avons dit qu'après les deux membranes communes aux tendons et à la bride carpienne, on arrivait à une enveloppe conjonctive propre à chaque tendon.

Cette enveloppe (fig. 1.³) est des plus intéressantes, tant à cause de son rôle dans l'accroissement des cordes tendineuses, de ses modifications physiologiques que des altérations de nature pathologique qu'elle peut présenter.

Cette gaine propre est aussi composée de feuillets parallèles, concentriques, ondulés et incomplètement libérés les uns des autres (fig. 3).

On peut y reconnaître deux couches principales, une de faible épaisseur, mais plus dense (fig. 3,ᶜ et fig. 4), immédiatement placée sur les faisceaux tendineux et une autre plus épaisse, périphérique, aux cloisons interlamellaires plus lâches permettant un certain écartement de leurs feuillets (fig. 3.ᵇ).

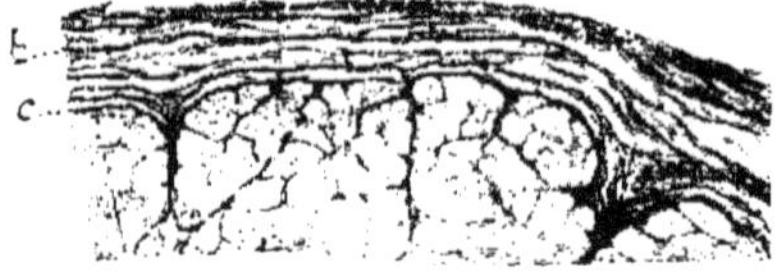

Fig. 3. — Péritendineuse propre au perforant. 3o 1

Les feuillets se sont légèrement écartés les uns des autres sous la pression de la lamelle de recouvrement.

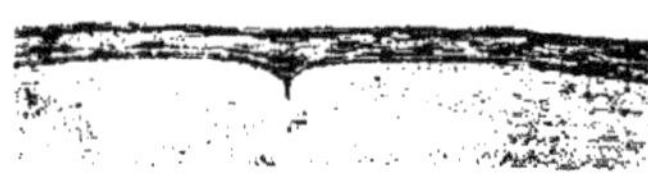

Fig. 4. — Couche conjonctive péritendineuse immédiate fournissant les petites cloisons interfasciculaires. 4oo 1.

Même préparation que pour la figure 3, mais plus grossie.

La première est formée par un tissu de constitution assez vague dont les cellules sont allongées dans le même sens et vaguement disposées en séries longitudinales. C'est de cette couche conjonctive que partent les petites cloisons interfasciculaires.

La seconde a de nombreux feuillets entre lesquels sont disposés des vaisseaux et des nerfs. Les troncs les plus importants sont toujours vis-à-vis les cloisons interfasciculaires du tendon dans lesquelles ils envoient leurs ramifications. Entre les feuillets se trouvent des cellules graisseuses en couches plus ou moins fortes. L'orcéine y décèle aussi des fibres élastiques.

Si telle est généralement la structure de l'enveloppe propre à chaque tendon, on peut la voir se modifier en certaines régions, dans les gaînes synoviales, par exemple, et vis-à-vis les poulies sésamoïdiennes.

Dans les gaines synoviales, le tissu lâche qui réunit cette couche péritendineuse à la gaine commune des tendons se condense sur une ligne et aux extrémités du sac synovial, pour constituer les mésotendons et les culs-de-sac sur lesquels se réfléchit la synoviale.

La couche conjonctive péritendineuse devient plus dense; ses cellules se massent à la périphérie; mais nous ne les avons pas vues s'étaler à la surface en véritable couche épithéliale. Cependant, aux points de réflexion de la gaine, ces cellules se rapprochent, se tassent même, et s'accumulent en couches assez épaisses dans les culs-de-sac et sur les franges de la synoviale. Elles sont toujours représentées par leur gros noyau qui se colore facilement, mais tous les moyens que nous avons essayés ne nous ont pas permis d'y déceler un contour, ni une membrane d'enveloppe.

Dans la gaine grande sésamoïdienne, l'enveloppe péritendineuse subit encore des modifications plus profondes. Sitôt après la réflexion de la synoviale sur le tendon, les cellules endothéliales semblent s'éloigner les unes des autres en découvrant les faisceaux fibreux : elles s'aplatissent et s'incrustent dans la masse comme pour mieux éviter les pressions et les frottements. Ces cellules ne tardent pas à s'entourer de la membrane épaisse propre aux éléments cartilagineux. L'enveloppe conjonctive, très dense, prend plus ou moins les caractères du fibro-cartilage. En certains points, là où les frottements sont plus actifs et se produisent sous une forte pression, la surface du tendon devient même nettement cartilagineuse.

Si on prélève au rasoir, vis-à-vis ces points, une mince pellicule superficielle et, qu'on la monte après coloration, on voit au microscope un semis de cellules cartilagineuses, plongées dans une masse hyaline ou présentant quelques vagues amas floconneux légèrement colorés.

Sur les coupes normales à la surface du tendon, on constate que les cellules superficielles sont lenticulaires et aplaties dans le sens de cette surface (fig. 6) ; elles apparaissent plus globuleuses dans les parties plus profondes. Enfin, à une certaine distance du bord, les faisceaux fibreux réapparaissent et le tissu reprend les caractères du fibro-cartilage.

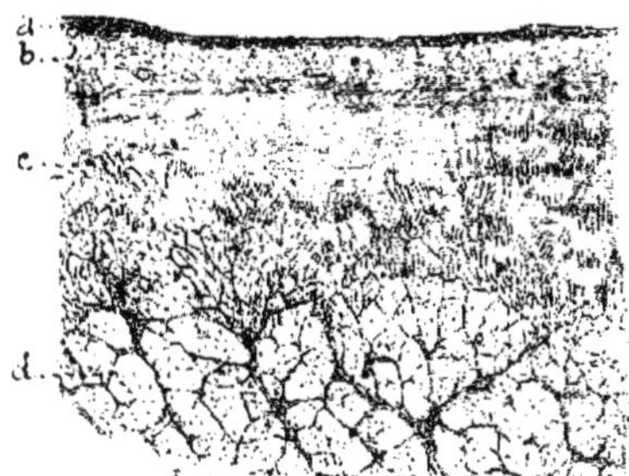

Fig. 5. — Coupe transversale de la partie périphérique du perforant vis-à-vis la région sésamoïdienne. 40 1.

a. couche cartilagineuse yaline. — b. Couche fibro-cartilagineuse. — c. Couche fibreuse diffuse. — d. faisceau tendineux.

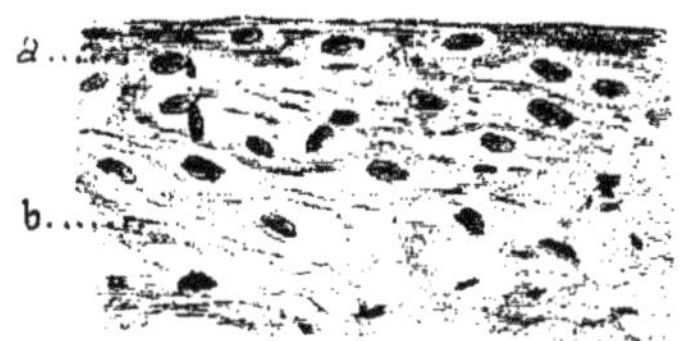

Fig. 6. Même préparation que pour la figure 5, mais plus grossie. 250 1.

a. Couche cartilagineuse hyaline. — b. Couche fibro-cartilagineuse.

Donc, en partant des faisceaux tendineux vers la périphérie, on trouve d'abord la couche conjonctive fasciculaire qui donne naissance aux cloisons du corps du tendon : cette couche devient plus dense et les faisceaux conjonctifs, horizontaux ou transversaux, dominent de plus en plus sur les faisceaux verticaux, d'abord plus nombreux ; puis les cellules conjonctives se modifient et impriment peu à peu au tissu le caractère

fibro-cartilagineux. Enfin, plus près de la surface, l'élément
fibreux se fond en une masse anhyste, au sein de laquelle se
trouvent les cellules cartilagineuses : nous avons du cartila-
geh yalin.

Mais cette enveloppe propre aux tendons n'est pas seulement intéressante par les modifications qu'elle peut subir
dans sa structure, elle l'est encore par son rôle dans l'accroissement des tendons. Nous avons déjà vu que ses parties les plus
immédiatement en contact avec les faisceaux tendineux, ont
leurs cellules plus ou moins bien disposées en séries verticales, comme les cellules tendineuses. Cela donne une certaine similitude aux deux tissus et l'on conçoit qu'ils puis-
sent facilement passer d'une forme à l'autre.

Comme les fibres tendineuses représentent l'élément actif,
fonctionnel, tandis que le tissu conjonctif n'a qu'un rôle
passif, il est normal que ce
soit celui-ci qui se modifie en
raison de la fonction.

C'est, en effet, ce qui a lieu.
Les tendons s'accroissent par
l'adjonction de nouveaux faisceaux formés aux dépens de
la couche conjonctive péritendineuse ou interfasciculaire.

On voit souvent des fais-
ceaux, au caractère tendineux,
aplatis dans le sens périphérique, intercalés entre les premières couches du tissu conjonctif duquel ils procèdent
évidemment.

D'autres fois (fig. 7), les
nouveaux faisceaux adjonctifs
restent séparés des anciens

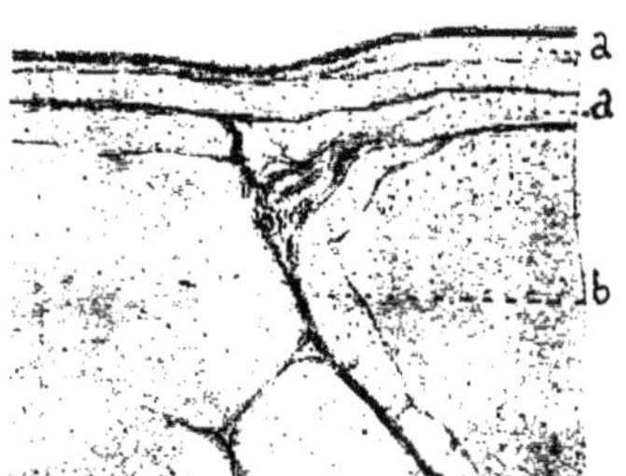

Fig. 7. — Coupe transversale à la
périphérie d'un perforé de jeune
cheval.

a. Nouveaux faisceaux tendineux formés
aux dépens de premières lames péritendineuses.

b. Nouveaux faisceaux le long d'une
cloison conjonctive qui en a fait les frais.

par une mince couche conjonctive qui marque la limite pri-
mitive du tendon et de son enveloppe.

Ces néoformations périphériques se retrouvent dans la plu-
part des lésions tendineuses anciennes. Elles caractérisent la
phase de réparation.

ESQUISSES TOPOGRAPHIQUES ET MORPHOLOGIQUES.

Perforé. — Le perforé reste adossé au perforant depuis la région carpienne ou tarsienne jusqu'à son insertion sur le paturon. Sa section offre la forme d'un croissant irrégulier, comme s'il avait été comprimé et moulé sur la surface convexe du perforant. La pointe externe du croissant est plus arrondie, plus mousse que l'interne ; celle-ci s'aplatit et s'étale comme pour aller à la rencontre du bord correspondant de la bride carpienne. Mais après la fusion de cette bride avec le tendon qu'elle renforce, le perforé devient plus indépendant et plus distinct au toucher. Arrivé près de la poulie sésamoïdienne, il s'aplatit régulièrement, forme son anneau, s'étale sur le perforant et, tandis que sa région médiane s'amincit de plus en plus, ses bords restent épais formant deux cordons fibreux qui, après s'être totalement séparés, vont s'attacher chacun de son côté sur la tubérosité correspondante de la deuxième phalange. Mais, avant cette bifurcation, une expansion membraneuse part de chaque côté du tendon pour former un nouvel anneau autour de la partie rétrécie du perforant. Cet anneau fibreux a son bord supérieur incurvé obliquement de bas en haut et libre ; son bord inférieur, au contraire, vient se souder sur le ligament sésamoïdien postérieur, immédiatement au-dessus de la poulie du deuxième phalangien. La face antérieure de l'anneau forme ainsi, sur la face postérieure du ligament, une sorte de pochette qui s'étend jusqu'au voisinage de la poulie grande sésamoïdienne (fig. 8, o). En arrière du cul-de-sac de cette poche, partent des tractus fibreux qui vont sur la face antérieure du perforant (fig. 8, *g*). Mais ce mésotendon ne constitue pas une cloison complète : le liquide qui lubréfie la gaine grande-sésamoïdienne peut toujours librement communiquer du cul-de-sac petit-sésamoïdien jusques au-dessus du boulet.

L'anneau tendino-fibreux sésamoïdien (fig. 8, *b*) a son bord inférieur libre ; il représente une section incurvée vers le haut et légèrement oblique par rapport à la direction du tendon. Son bord supérieur se continue par une membrane fibreuse qui forme en se repliant, d'un côté, sur le perforant et, de l'autre, sur l'appareil sésamoïdien, le double cul-de-sac supérieur de la gaine grande sésamoïdienne (fig. 8, *h*).

Le bord inférieur est taillé en biseau, de façon à se continuer insensiblement avec la face antérieure du perforant. Au membre postérieur, le perforé présente à peu près la même

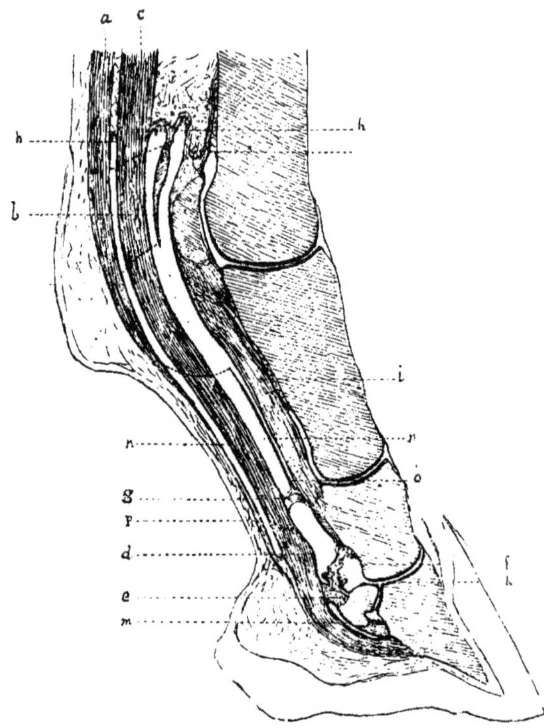

Fig. 8. — Coupe médiane de la région inférieure du membre montrant les rapports des tendons avec les culs-de-sac synoviaux.

(Légèrement schématisée. — Les tendons ont été écartés de leur situation normale pour mieux montrer la disposition des gaines synoviales.)

a. Perforé.
b. Son anneau.
c. Perforant.
d. Son renflement.
e. Cloison tendineuse.
f. Cloison conjonctive.
g. Mésotendon ne constituant pas une cloison.
h h h. Culs-de-sac supérieurs de la gaine grande sésamoïdienne.
i. Ligament sésamoïdien postérieur.

k. Cul-de-sac synovial de l'articulation du pied.
m. Gaine petite sésamoïdienne.
n n' Gaine grande sésamoïdienne.
o. Cul-de-sac formé par l'anneau inférieur du perforé.
p. Membrane conjonctive renforçant la paroi postérieure de la gaine grande sésamoïdienne et l'aponévrose plantaire (Bouley).

disposition et la même forme qu'au membre antérieur. Cependant, dans la région supérieure du canon, son bord interne s'amincit moins et ne s'étale pas autant sur le perforant. La bride carpienne est rudimentaire et se trouve séparée du bord interne du perforé par le tendon du fléchisseur oblique (fig. 9, *B*, 1).

Perforant. — Le tendon perforant, dans la région du canon, est plus arrondi et d'environ le double plus fort que le perforé.

Il se trouve d'abord placé entre ce dernier et la bride carpienne, qui se moule sur sa face antérieure comme nous avons vu le perforé se mouler sur sa face postérieure. Le perforant se trouve ainsi embrassé, dans sa moitié supérieure, entre deux demi-gouttières auxquelles il est réuni par du tissu conjonctif assez lâche pour lui permettre des mouvements limités.

La bride carpienne se soude à lui vers le milieu du canon. Les faisceaux de ces deux organes, d'abord distincts, se confondent peu à peu, et ne forment plus qu'un tout en arrivant dans l'anneau du perforé.

Irrégulièrement elliptique à sa sortie de la gaine carpienne, il est plus arrondi dans sa région moyenne, pour s'aplatir ensuite vis-à-vis la poulie sésamoïdienne; il se rétrécit au-dessous du boulet en formant des plissements longitudinaux, comme s'il avait été serré par ses bords ; enfin, il s'élargit de nouveau, assez brusquement, depuis la première articulation interphalangienne jusqu'à son point d'insertion.

Immédiatement au-dessus du cul-de-sac inférieur de la grande sésamoïdienne, le perforant présente sur sa face antérieure un double épaississement fibro-cartilagineux (fig. 8, *d*), ayant la forme de deux cotylédons d'amande rapprochés par leur grande courbure.

Ces épaississements cotylédonaires sont beaucoup moins prononcés chez l'âne et le mulet.

Au membre postérieur, ce tendon reçoit, sur son côté interne, la corde du fléchisseur oblique qui s'aplatit légèrement à sa surface et se confond avec lui vers le tiers supérieur de la région du canon. La bride tarsienne, quand elle ne fait pas défaut, s'unit un peu en dessous (fig. 8, *B*).

Bride carpienne. — La bride carpienne continue directement le ligament commun postérieur du carpe. Sur sa face postérieure, elle est tapissée par la membrane fibreuse qui renforce la gaine carpienne. Les fibres de ces deux organes sont intimement réunies les unes aux autres. A son origine et par sa face antérieure, la bride carpienne est unie, sur une hauteur d'environ 2 centimètres, au ligament supenseur du boulet par des faisceaux entrecroisés de fibres d'aspect blanc nacré.

Après avoir dépassé la gaine carpienne, cette bride s'étend le long du perforant en lui formant une sorte de gouttière qui l'entoure sur plus de la moitié de sa surface, au moment de leur union à mi-canon. En ce moment, elle constitue, avec le perforé, un anneau à peu près complet autour

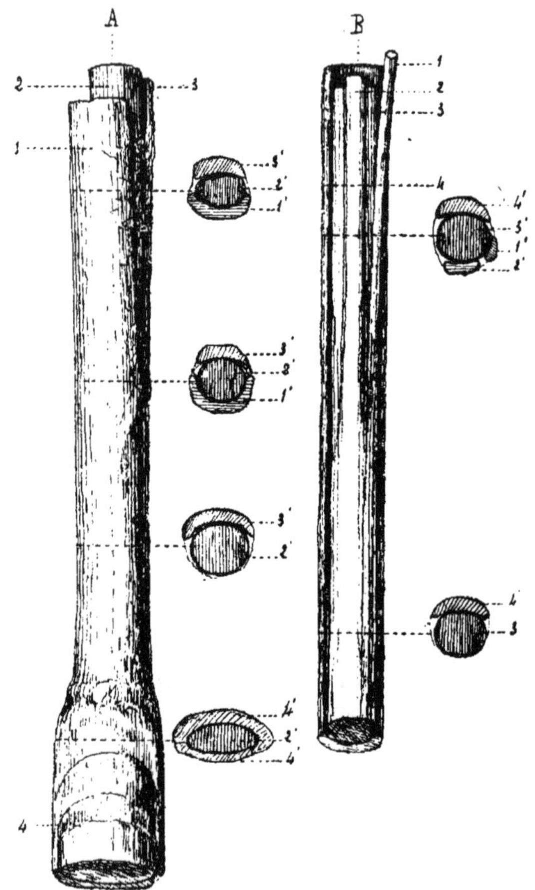

Fig. 9. — Tendons vus par leur face antérieure.

A. Du membre antérieur droit. — B. Du membre postérieur droit.

A. — 1, 1' Bride carpienne
2, 2' Perforant.
3, 3' Perforé.
4, 4' Anneau du perforé.

B. — 1, 1' Fléchisseur oblique.
2, 2' Bride tarsienne.
3, 3' Perforant.
4, 4' Perforé.

du perforant, sans cependant qu'il y ait union entre la bride et le perforé autrement que par les membranes péritendineuses.

STRUCTURE MICROSCOPIQUE.

La structure intime de ces organes diffère quelque peu du type histologique décrit par Ranvier d'après les grèles tendons de la queue de jeunes rats. Ainsi, l'épithélium périphérique, que le nitrate d'argent met en évidence, est ici remplacé par une couche conjonctive très importante par son rôle nutritif et néoformateur. C'est cette couche que nous avons décrite comme *enveloppe propre à chaque tendon.*

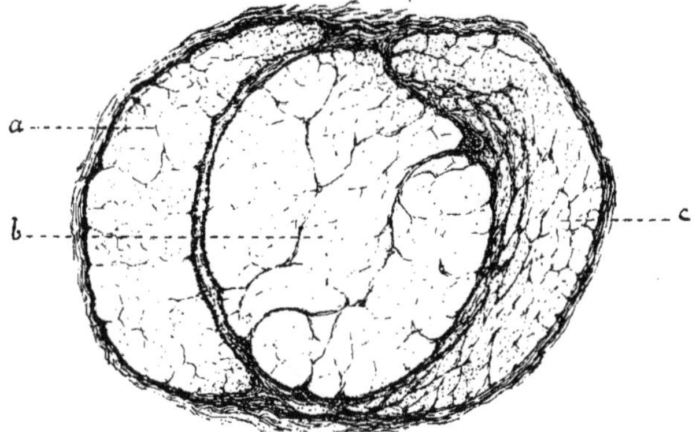

Fig. 10. — Coupe des tendons d'un cheval de 4 ans, vis-à-vis le point d'union de la bride carpienne avec le perforant.
a. Perforé. — *b.* Perforant. — *c.* Bride carpienne.

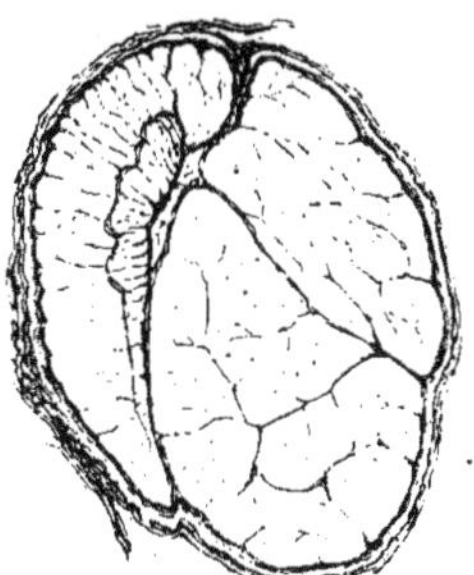

Fig. 11. — Perforé et perforant d'un fœtus de brebis (région moyenne).

Il ne nous a pas été possible, non plus, de trouver la trace des fibres qui, d'après Ranvier, se détachent des cloisons secondaires des faisceaux primitifs et se dirigent obliquement à travers les fibrilles tendineuses. De plus, les faisceaux primitifs eux-mêmes, ont plus ou moins disparu en se confondant entre eux dans les faisceaux secondaires.

En dehors de ces points et des conséquences qui en découlent, on retrouve à peu près la structure typique décrite par les histologistes.

Sur les coupes transversales, on voit les faisceaux tendineux séparés par des cloisons conjonctives prenant toujours leur origine dans la couche péritendineuse. Ces cloisons sont formées par des membranes fibro-cellulaires, plus ou moins finement ondulées et, quoiqu'elles soient enchevêtrées dans une dépendance réciproque, elles restent parallèles entre elles et à la direction générale des fibres tendineuses.

Les cloisons principales fournissent par dichotomie toutes les cloisons secondaires; elles servent de support aux vaisseaux et aux troncs nerveux, qui se divisent en filets de plus en plus fins, de façon à assurer la nutrition des faisceaux ultimes du tendon.

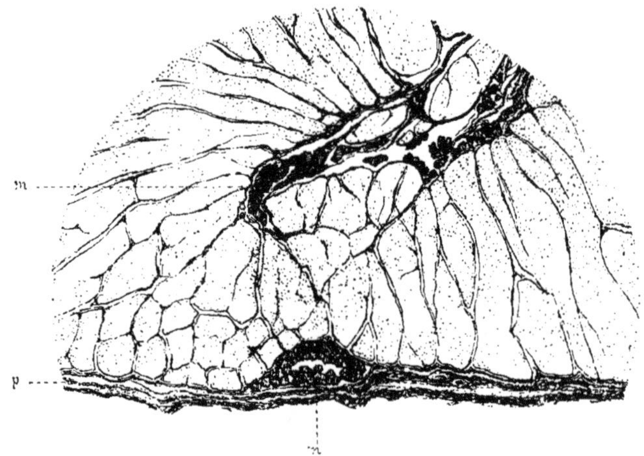

Fig. 12. — Perforé de veau.

m. Faisceaux musculaires. — p. Péritendineuse.

Nota. — Les faisceaux tendineux se sont rétractés et disjoints sous l'influence des réactifs. Ils devraient en réalité n'être séparés que par l'épaisseur des cloisons conjonctives.

L'originalité des tendons fléchisseurs consiste dans le groupement de leurs faisceaux secondaires ou tertiaires en masses plus ou moins parfaitement délimitées et quelquefois séparées par des cloisons conjonctives assez épaisses. Ces masses paraissent représenter autant de tendons distincts qui se seraient réunis en une corde unique.

Nous savons, en effet, qu'en anatomie comparée les muscles fléchisseurs superficiel et profond résultent de la soudure de plusieurs corps musculaires dont on peut suivre la réunion de plus en plus parfaite depuis l'homme, où ils sont au nombre de cinq (en comptant le fléchisseur du pouce) jusqu'au cheval, en passant par les pachydermes à quatre doigts et les bisulques.

Ces traces persistantes d'une séparation préexistante dans les groupes des faisceaux tendineux se trouvent affirmées quelquefois par la présence de couches plus ou moins importantes de faisceaux musculaires que l'on trouve au sein de certains tendons, dans le perforé du bœuf, par exemple (fig. 12).

C'est cette accumulation de tissu conjonctif, avec la riche vascularisation qui en est la conséquence, qui donne leur caractère si spécial aux tendinites du membre antérieur chez le cheval.

Cependant, si on examine des coupes successives dans des régions de plus en plus basses du tendon, on voit ces délimitations devenir de moins en moins apparentes. Si bien qu'à l'approche du boulet, et quand le fléchisseur profond s'aplatit sur la poulie sésamoïdienne, elles ont complètement disparu : les cloisons conjonctives inter-fasciculaires sont devenues très minces et la masse tendineuse, plus dense, offre un aspect plus homogène. Mais le nombre des cloisons n'a pas diminué et, quoiqu'elles soient réduites dans leur épaisseur, le microscope y décèle toujours de nombreux noyaux de cellules, des vaisseaux et des troncs nerveux. Cette structure plus serrée se retrouve dans le perforant jusqu'à son insertion sur l'os du pied.

Examinés toujours transversalement, mais à un assez fort grossissement, les tendons présentent dans l'aire limitée de leurs faisceaux ultimes des figures étoilées dont la grandeur varie depuis le point irrégulier jusqu'à l'espace stellaire tel qu'il a été décrit par Ranvier. En regardant avec un objectif suffisamment définissant, et en faisant convenablement varier la mise au point, on arrive presque toujours à déceler dans ces figures un noyau plus ou moins fortement coloré.

Sur les coupes longitudinales, on remarque des séries verticales, à peu près équidistantes, de bâtonnets bien colorés, plus ou moins longs et plus ou moins gros (fig. 13). Ces séries constituent des lignes rigoureusement parallèles aux fibres tendineuses : rectilignes si celles-ci sont rectilignes et ondulées si elles-mêmes sont ondulées.

Fig. 13. — Perforant dans sa partie aplatie.
Obj. Leitz 1 12. Oc. 3.

Les séries les plus fines ont pour base des noyaux allongés se colorant facilement par les réactifs nucléaires.

Ils sont quelquefois très longs par rapport à leur diamètre. Mais une assez grande variété règne sous ce rapport, selon la région examinée et les tendons eux-mêmes. Ces noyaux cylindriques, ou plus ou moins effilés des deux bouts, sont toujours entourés d'une zone claire, assez mince, moins facilement colorable, quelquefois très granuleuse, et également effilée dans ses extrémités.

Les séries plus larges ont aussi les noyaux plus courts et plus irrégulièrement disséminés. En certains points, en effet, les noyaux sont aussi larges que longs, et quelquefois très rapprochés les uns des autres. Ailleurs, au contraire, ils s'espacent et les éléments cellulaires de la même série peuvent n'avoir aucun contact les uns avec les autres. Le protoplasma forme une zone claire et assez large autour de ces noyaux et l'ensemble présente tous les caractères des cellules interfasciculaires de Ranvier.

Les figures ponctiformes ou étoilées que nous avons vues sur les coupes transversales des faisceaux répondent évidemment à ces séries cellulaires. Les accidents de préparation qui surviennent fréquemment dans les coupes un peu épaisses, par le rabattement plus ou moins complet de tranches de fibres verticales, montrent parfaitement le rapport qui existe entre ces séries cellulaires et les figures de la surface.

Cependant, on peut se demander, de même que les séries larges répondent évidemment aux espaces stellaires de Ranvier, si les séries fines, correspondant à des points sur la coupe, ne représentent pas les fibres colorables par le carmin qui, d'après cet auteur, partent des cloisons des faisceaux primaires?

La chose n'est pas possible.

Les fibres de Ranvier sont uniformes, elles sont de la même nature que les cloisons d'où elles émanent et elles parcourent plus ou moins obliquement le faisceau fibrillaire.

Ici, nous avons, au contraire, des séries absolument parallèles aux fibres tendineuses et de nature incontestablement cellulaire.

Nous devons plutôt supposer que ce sont des cellules conjonctives de la couche périphérique des faisceaux primaires dont la substance a disparu sous l'effet des pressions ou par sa transformation en fibrilles tendineuses.

Les cellules seules de cette lame conjonctive, plus ou moins modifiées dans leur forme, sont restées comme des témoins de son existence.

Il nous paraît donc admissible que ces cellules aient la même signification, sur les coupes transversales des tendons, que les noyaux que l'on trouve isolés dans l'intérieur des faisceaux musculaires de la grenouille, et qui sont l'indice que ces faisceaux primitifs ont été eux-mêmes constitués par des faisceaux plus petits.

Cette structure se retrouve dans tous les tendons qu'il nous a été donné d'étudier, dans la bride carpienne, le ligament suspenseur du boulet et même dans certains ligaments articulaires.

Dans le fléchisseur profond, on peut la suivre jusqu'à son insertion. Mais, près de sa soudure avec le périoste phalangien, il n'est pas rare de trouver les cellules tendineuses ayant pris les caractères des éléments cartilagineux. Ce fait explique la présence d'aiguilles osseuses que nous avons quelquefois rencontrées dans l'épaisseur de l'aponévrose plantaire.

Cette constatation, particulièrement intéressante ici, à cause des interventions chirurgicales dont cette région est assez souvent le siège, n'est que le résultat d'un phénomène assez commun qui se manifeste à l'insertion des tendons particulièrement actifs. Nous savons déjà par l'exemple, entre autres, que nous a fourni la membrane péritendineuse propre à chaque fléchisseur, combien les cellules conjonctives peuvent passer facilement à l'état de cellules cartilagineuses, état qui n'est qu'une transition pour arriver jusqu'à l'ossification. Nous savons aussi que le tissu fibreux peut subir directement l'ossification sans passer par l'état cartilagineux.

L'étude histologique du perforant met en évidence certains détails de structure dans la double cloison qui s'étend de la face antérieure du tendon à la deuxième phalange, d'une part, et sur le bord postérieur du petit sésamoïde d'autre part (fig. 8, *e*, *f*), détails assez intéressants à cause du rôle important que joue cette cloison commune à trois synoviales.

« Les fibres de cette cloison jaune, dit H. Bouley, sont continues à celles du tendon perforant, à leur point d'émergence à ce dernier. »

Cette assertion qui ne s'adresse évidemment qu'à la partie qui s'insère sur le petit sésamoïde n'en est pas moins erronnée.

Ces deux cloisons sont de structure et de nature bien différentes. La supérieure est constituée par du tissu conjonctif très lâche ; l'autre est plutôt de nature tendineuse.

La première paraît douée d'un pouvoir osmotique très grand, si bien qu'il faut admettre qu'une infection survenant, soit dans l'articulation du pied, soit dans la grande-sésamoïdienne, ne peut guère se localiser dans un de ces réservoirs sans que l'autre ne soit atteint. La seconde, au contraire, épaisse et de structure serrée, doit opposer un obstacle sérieux aux phénomènes osmotiques et limiter beaucoup mieux une infection survenue dans l'un ou l'autre des sacs synoviaux qu'elle sépare.

Une forte lame de tissu fibreux blanc, s'étendant de la couche péritendineuse du tendon au petit sésamoïde, sert pour ainsi dire de plancher aux culs-de-sac synoviaux (fig. 14). De la face inférieure de cette lame se détachent, comme d'un rachis, des cloisons secondaires qui se dichotomisent et se réunissent entre-elles en limitant des espaces ovalaires.

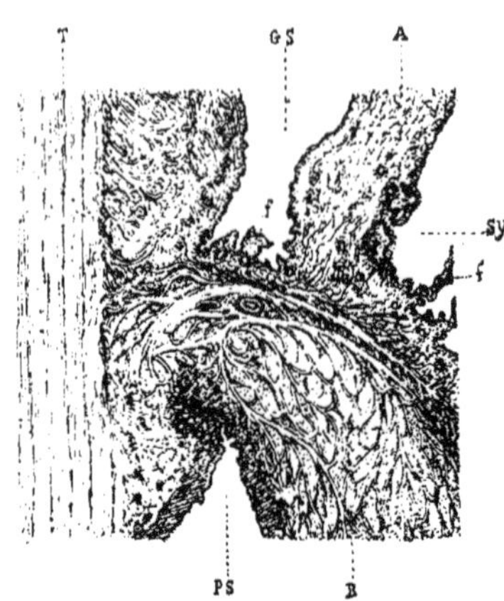

Fig. 14. — Cloison inter-synoviale de la
région sésamoïdienne.

A. Cloison séparant la synoviale de la 2ᵉ articulation interphalangienne avec le cul-de-sac inférieur de la gaine grande sésamoïdienne.
B. Cloison s'étendant du perforant au petit sésamoïde.
f f. Franges synoviales.
G S. Gaine grande sésamoïdienne.
P S. Gaine petite sésamoïdienne.
T. Perforant.

Ces espaces sont remplis par des fibres tendineuses à direction transversale par rapport à celle du tendon. Les faces supérieure et inférieure sont recouvertes par une couche conjonctive assez épaisse et très vasculaire. De nombreux noyaux cellulaires se pressent vers la surface, sans qu'il soit possible d'y déceler un véritable endothélium.

Quoiqu'il en soit, les nombreux replis et franges que forme cette membrane, sa structure réticulée et sa riche vascularisation doivent la faire considérer comme un filtre plasmatique donnant naissance à la synovie.

Le tissu conjonctif, qui constitue la membrure du corps de la cloison, s'unit dans un lacis inextricable avec le tissu conjonctif péritendineux ; mais, pas un faisceau tendineux ne se détourne de sa direction pour venir en constituer ou simplement renforcer la trame. Il n'est donc pas possible de voir dans ce pont fibro-tendineux une bifurcation du perforant lui assurant un second point d'attache.

LIGAMENT SUSPENSEUR DU BOULET.

Son origine et son homologie. — Le ligament suspenseur du boulet prend naissance sur l'extrémité supérieure du métacarpien principal, dans l'espace limité en arrière par les métacarpiens latéraux. Il s'insère par une section biaise sur une surface de 23 à 25 millimètres de hauteur. Ses premières fibres s'attachent en commun avec celles de la synoviale carpo-métacarpienne sur la marge de la surface articulaire du métacarpe. Elles ont d'abord une direction légèrement oblique en arrière et en bas pour devenir ensuite parallèles à la direction générale du canon. Ce plan incliné de la partie supérieure du ligament constitue, avec les faisceaux fibreux superficiels qui s'insèrent sur la première rangée des os du carpe, une sorte de petit hyatus triangulaire dans lequel se loge le cul-de-sac de la synoviale articulaire protégé par du tissu cellulo-adipeux.

Les faisceaux fibreux d'abord serrés sur leur surface d'insertion forment, vers le bas de cette surface, des plans successifs séparés par du tissu graisseux; mais, ces divers plans ne tardent pas à se réunir pour former la masse commune. Le dernier, qui constitue la face antérieure du ligament, descend parallèlement à la surface de l'os auquel il s'unit lâchement par du tissu conjonctivo-adipeux.

Sur la face opposée, se trouve une couche assez mince de faisceaux fibreux d'aspect blanc nacré. Ces faisceaux se croisent très obliquement entre eux et forment, à la partie supérieure du ligament, des tractus qui vont s'insérer, les plus profonds sur la face interne de la tête des métacarpiens latéraux, les autres, après avoir franchi l'articulation du carpe, sur le grand os de la rangée carpienne inférieure en se mélangeant aux fibres du ligament commun postérieur.

Ces tractus sont variables dans leur forme, leur disposition et leur nombre.

Les anatomistes vétérinaires ont voulu voir le ligament suspenseur formé à son origine de deux plans équivalents, l'un prenant insertion sur le métacarpe et l'autre sur le carpe. Cette conception n'est pas conforme à la vérité et elle est contraire aux données de l'anatomie comparée. Elle n'est pas exacte en ce que les minces tractus fibreux, qui de la face postérieure du ligament vont mélanger leurs fibres avec celles du ligament postérieur du carpe, ne constituent qu'une bien faible partie de la masse de l'organe ; elle n'est pas conforme, non plus, aux données de l'anatomie comparée en ce que les muscles interosseux, auxquels doit être assimilé le ligament, ne prennent insertion que sur les métacarpiens auxquels ils correspondent.

Nous penserions plutôt qu'il faut voir en ces tractus carpiens, qui se différencient des autres faisceaux du ligament de couleur un peu jaunâtre par la blancheur nacrée de leurs fibres, une expansion du ligament postérieur propre à l'articulation carpo-métacarpienne.

Nous avons vu, en effet, le ligament suspenseur implanter ses premières fibres sur la marge même de la surface articulaire, immédiatement contre la membrane fibreuse qui renforce et soutient la synoviale articulaire. Les faisceaux ligamenteux destinés à rattacher le trapézoïde et le grand os à l'extrémité du métacarpien principal ne pouvant pas s'insérer sur l'os lui-même, la place étant prise, se sont étalés à la surface du suspenseur.

De là, ces tractus postérieurs qui peuvent donner l'illusion d'un plan métacarpien propre au ligament.

La face postérieure du suspenseur du boulet est encore recouverte par une membrane aponévrotique assez forte qui lui adhère assez intimement. Cette aponévrose recouvre, en haut du ligament, les vaisseaux qui constituent l'arcade sous-carpienne ou palmaire profonde des pentadactyles, pour se confondre ensuite avec la bride carpienne à son origine. Ce fait doit nous faire voir en cette membrane l'analogue de l'aponévrose palmaire profonde de l'homme.

Le ligament suspenseur se divise assez nettement, dans sa partie supérieure, en deux corps latéraux, largement réunis à leur point de tangence par une membrane de nature conjonctive. Cette trace de division supérieure, analogue à la bifurcation inférieure, correspond à deux séries symétriques d'une organisation spéciale que l'on peut suivre dans le corps du ligament au-delà des limites de la division apparente. On trouve, en effet, au centre de chaque faisceau une masse conjonctivo-graisseuse dans laquelle naissent, à quelques centimètres de l'extrémité, des séries de faisceaux musculaires, lesquelles se continuent plus ou moins régulièrement et plus ou moins bas dans le corps du tendon. (Fig. 16.)

Cette division du suspenseur en deux parties latérales assez distinctes, nous porte à croire qu'il faut considérer cet organe comme représentant chez les solipèdes les 2ᵉ et 3ᵉ interosseux dorsaux de la main de l'homme. Ces petits muscles s'attachent à droite et à gauche du métacarpien médian et leurs tendons vont, chacun de son côté, se réunir d'une part sur l'extrémité postérieure de la première phalange et, d'autre part, renforcer le tendon de l'extenseur correspondant. Tandis que les 1ᵉʳ et 2ᵉ interosseux palmaires sont représentés par les grêles faisceaux musculaires qui se trouvent quelquefois dans le tissu conjonctif, entre les bords du ligament et la face interne des métacarpiens latéraux.

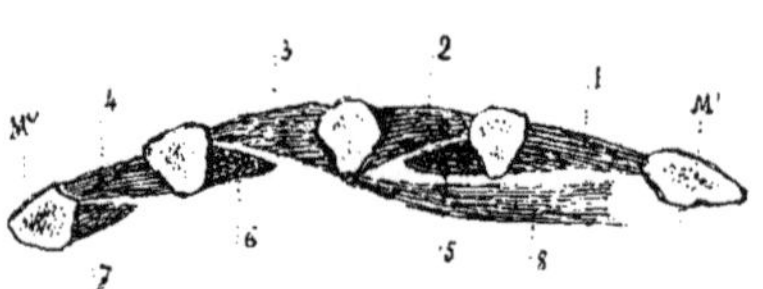

Fig. 15. — Coupe transversale des métacarpiens et des interosseux, chez l'homme.

Mɪ, Mᴠ. Premier et cinquième métacarpiens. — 1, 2, 3, 4. Premier, deuxième, troisième et quatrième interosseux dorsaux. — 5, 6, 7. Premier, deuxième et troisième interosseux palmaires. — 8 Adducteur du pouce (Testut).

Sur la face postérieure, le sillon médian est comblé par les faisceaux de fibres blanches et par l'aponévrose qui recouvre cette face.

Sur la face antérieure, il se continue pendant cinq ou six centimètres et, quelquefois, sur toute la longueur du ligament. Cette face présente généralement des faisceaux fibreux, plus ou moins gros, qui la parcourent en formant des saillies longitudinales.

Structure. — Le ligament suspenseur est de structure essentiellement tendineuse et, comme les tendons, il présente une enveloppe conjonctive périphérique d'où naissent les cloisons interfasciculaires. Cette enveloppe et ces cloisons ont la même disposition que sur les tendons fléchisseurs, mais elles sont plus vasculaires et renferment de nombreux groupements de cellules adipeuses.

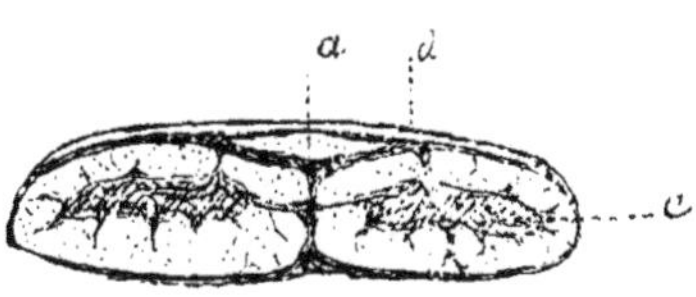

Fig. 16. — Coupe de l'extrémité supérieure du ligament suspenseur.

a. Faisceau superficiel à insertion carpienne.
d. Aponévrose de la face postérieure.
c. Masse conjonctivo-graisseuse au sein de laquelle naîtront les premiers faisceaux musculaires.

Les faisceaux tendineux primaires ont aussi une moindre tendance à se réunir entre eux et à former des masses plus ou moins homogènes au sein desquelles le tissu périfasciculaire n'est plus représenté que par des cellules conjonctives disposées en séries verticales.

Mais, ce qui fait l'originalité de ce ligament, ce sont les nombreux faisceaux musculaires que l'on trouve dans sa masse. Nous avons vu que les deux corps qu'il forme à son origine présentent, dans leur partie centrale, de larges espaces remplis par du tissu conjonctivo-adipeux. C'est au sein de ce tissu, à deux ou trois centimètres de la partie supérieure du ligament que commencent à apparaître les premiers groupes de faisceaux musculaires. Ces faisceaux ont leurs fibres nettement striées dans les deux sens et sont recouverts d'un sarcolemme à nombreux noyaux. L'orientation des faisceaux n'est pas régulière. Plus ou moins obliques par rapport à la direction des fibres tendineuses, ils vont généralement d'un côté à l'autre des grands espaces interfasciculaires et rappellent quelquefois par leur disposition les étais qui maintiennent le cuvelage de certains puits de mine. Cette espèce de charpente est toujours englobée dans un riche lacis conjonctif lâche, dans les mailles duquel sont disséminés de nombreux amas de cellules adipeuses; on y trouve aussi des vaisseaux sanguins et des troncs nerveux importants.

Le groupement des faisceaux musculaires est assez variable. Quelques fois, ils ne forment que deux masses uniques qui s'étendent dans le ligament jusque vers le milieu ou les deux tiers de sa hauteur, d'autres fois, ces masses se subdivisent et l'on voit trois ou quatre rangées musculaires plus ou moins irrégulièrement dispersées dans le corps du ligament.

Rarement, on trouve des faisceaux musculaires au-delà du tiers inférieur du ligament; il nous est cependant arrivé d'en voir jusque dans les branches de la bifurcation inférieure.

Au membre postérieur, le suspenseur du boulet reçoit aussi un faisceau de fibres superficielles du ligament commun postérieur du tarse. Il s'insère sur la tubérosité postérieure de la tête du métatarsien et la face postérieure de cet os sur une hauteur de 3o millimètres et détache un faisceau fibreux sur la tête du métatarsien latéral externe. Ce ligament est moins large et plus long que son homologue du membre antérieur.

Chez le *bœuf*, le ligament suspenseur du boulet se compose de quatre faisceaux musculaires bien distincts qui prennent insertion sur le métacarpe. Ces faisceaux sont recouverts et en partie englobés par l'aponévrose palmaire profonde qui est ici particulièrement épaisse. Cette forte aponévrose se détache peu à peu, vers le milieu du canon, des faisceaux qu'elle englobe pour aller, sous la forme d'une lanière, concourir à la formation des anneaux du perforé

C'est à tort, pensons-nous, que les anatomistes qualifient de bride carpienne cette aponévrose ligamenteuse.

www.ingramcontent.com/pod-product-compliance
Ingram Content Group UK Ltd.
Pitfield, Milton Keynes, MK11 3LW, UK
UKHW031707170726
13836UKWH00001B/101